JN045874

南方ブックレット 12

関西電力
原発マネー
スキャンダル

利権構造が生み出した闇の真相とは

末田一秀

南方新社

はじめに

　「最近、再三にわたり吉田開発に工事を持って来いとの要求。上期にカンソウ経由で 4000 万円のＡ工事を約束したが、それでは物足りない？様子。明後日会うときには、更に 6000 万円程度（事業本部に予算を交渉中）のＢ工事を出す予定。これで今年は 1 億円」

　関電の金品受領問題を調査した第三者委員会が明らかにした、高浜発電所所長が豊松原子力事業本部長（当時）らにあてたメールの一部です。その 3 日後の 2012 年 4 月 25 日には面談結果がメールで報告されています。

　「吉田開発への仕事を持って来いとの要求に、Ｂ工事を提案し、了解。この程度か、との感触を示されたが、とりあえず今回はこの程度にしておいてやる、とのこと。（中略）これが精一杯とのニュアンスを伝えた。その後、全員での会食になり、至極ご機嫌。話が弾み、終わったのは 16:30」

　福井県高浜町の元助役森山栄治氏の求めに応じ、関連会社への工事発注を約束し、特命発注と名付けた随意契約で工事を発注していました。発注が入札であれば競争原理が働いて工事金額は下がったはずですが、地域独占企業であった関電は私たちから徴収した電気料金でもうかる仕組みに支えられ、企業努力でコストを下げるという意識を持っていませんでした。そうした甘い汁を吸う仲間たちで原子力村と呼ばれる利権集団が形成され、バックマージンが関電幹部に還流していたことが明らかとなったのです。

目次

第3章　真相究明を求める運動

第4章　原発マネーの不正の数々

第5章　株主総会での攻防

【表紙写真について】

2020 年 6 月 23 日、株主 5 人と共同参加人 44 人が株主代表訴訟を大阪地裁に提訴。新旧役員 22 人に総額 92 億円の損害を関電に支払うよう求め、事件の真相解明を目指す。

装丁／オーガニックデザイン

第1章　問題発覚

危機管理のできていない関電

　関西電力の役員計6人が、福井県高浜町の元助役森山栄治氏から計約1億8000万円にのぼる金品を受領していたと、2019年9月26日の夜に共同通信が記事を配信しました。

　翌日関電が記者会見を行うと聞いた私は、場合によっては社長が辞任を表明して幕引きを図るのかと思いました。ところが、岩根茂樹社長（当時）は、金品を受け取ったのが20人で7年間の総額が3億2000万円と明らかにしたものの、森山氏の名前すら口にせず、既に減給の処分を行ったとして辞任を否定しました。

記者「受領した金品の上限、下限は？　森（詳介）相談役は含まれますか？」

岩根「誰がどれくらい受け取ったかは、個人のことなので回答は差し控えます」

記者「『社外の関係者』というが、高浜町の元助役ということですか？」

岩根「ある特定の社外の人物とさせていただく」

記者「社内処分は会長と社長の2人だけか？」

岩根「他の人間にもしています。具体的な人数、内容は控えたい」

記者「受領された計3億2000万円のうち、返却していないのはいくらか？」

岩根「儀礼の範囲を超えないものと考えています。額は大きくないと認識しているが、具体的には差し控える」

記者「そもそも調査委員会の報告書に妥当性があるのかということを含め、今後検証されるべきだと思うのですが、報告書を外部に公表する考えはないんですか？」

岩根「報告書には個人情報が多く入っていますので、現段階で公表する考えはありません」

　問題の発端は2018年1月に遡ります。森山氏が顧問を務める吉田開発（株）

が急激に業績を伸ばしていたことから金沢国税局が税務調査を始めたところ、吉田開発から森山氏に約3億円が流れていることが判明し、森山氏が関電幹部に金品を渡した記録が記載された手帳が押収されました。慌てた関電は2018年7月から社外弁護士3人や人事担当役員らによる調査委員会を立ち上げ、9月に報告書をまとめていました。ところが、そのような事実を公表はおろか、取締役会にすら報告せず、この日の記者会見でも公表を拒みました。

　不祥事が発覚する度に繰り返される企業の謝罪会見では、これまでにもいろいろと指摘されてきましたが、関電ともあろう大企業がこれほどのていたらく、危機管理ができていないことには驚きました。

関電は被害者？

　このような説明で通るわけがありません。10月2日に再び記者会見を開かざるをえなくなり、八木誠会長（当時）と岩根社長が問題の社内報告書を公表することになりました。

　その報告書や会長、社長の説明は、森山氏が恫喝をするような特殊な人物で、関電はあたかも被害者であると強調するものでした。

岩根「金品を渡された者は受け取る理由はないと考え返却を申し出たものの、森山氏から、なぜわしの志であるギフト券を返却しようとするのか、無礼者、わしを軽く見るなよ、などと激高され、返却を諦めざるを得なかったといった状況がありました」

「森山氏の場合は金品の受領を拒否する、あるいは金品を返しにいったときには、わしが原子力を反対してどうなるか分からんのかといったことを相当強くおっしゃったようでありまして、それにやっぱり担当のほうが、これで原子力の地元の理解活動が阻害されるということを恐れたということが背景としてあるのではないかというふうに思っております」

「なんとか森山氏の呪縛から逃れようとはしてたんですが、なかなかその呪縛から逃れられなかったというのが、私が今、認識している状況でございます」

森山氏が人権問題の講師をしていたことから、森山氏の恫喝を部落問題と結びつけて論じる差別的な記事も、その後一部週刊誌等で散見されました。

　部落解放同盟は、森山氏の福井県連書記長職を2年間で解任していると説明し、「解放同盟や同和問題という力を利用して隠然たる力を持つに至るという短絡的な問題ではなく、原発の建設運営をスムーズに持って行こうとする福井県、高浜町、関西電力による忖度が、森山氏を肥大化させ、森山氏が首を縦に振らなければ原発関連の工事が進まないという癒着ともとれる関係にまで膨れあがった」とするコメントを発表しています。

　関電のあたかも被害者であるかのような説明は、さらに批判を浴びる結果となりました。責任を取ることなしに収まらない、市民や社会の怒りは大きいと、関電経営幹部は感じることができないのでしょうか。その感覚のずれは大きな問題と感じました。

　続投に意欲を見せていた八木会長、岩根社長は、さらに1週間後の10月9日、臨時の記者会見を開いて八木会長の辞任、岩根社長も新たに発足させる第三者委員会の報告が出た時点で辞任することを表明せざるを得ないところにまで追い込まれました。

社内報告書の内容

　関電が10月2日の会見で公表した報告書は、本文20ページ。添付の表で、原子力事業本部長である豊松秀己元副社長が1億1057万円（現金4100万円、商品券2300万円、米ドル7万ドル、金貨189枚、小判型金貨1枚、金杯1セット、スーツ20着）、原子力事業本部の鈴木聡副事業本部長が1億2367万円(現金7831万円、商品券1950万円、米ドル3万5000ドル、金貨83枚、小判型金貨2枚、金延べ棒500グラム、スーツ14着）など金品受領の状況が明らかにされています。ただし受領者20人のうち8人は、役員でないとの理由で名前を伏せられていました。

表1 金品受領の状況

氏名　肩書	受領額合計	現金 米ドル	商品券、金、スーツ	受領時 肩書
八木誠 会長	859万円	—	30万円、金貨63枚、金杯7セット、2着	原子力事業本部長
岩根茂樹 社長	150万円	—	金貨10枚	社長
豊松秀己 元副社長	1億1057万円	4100万円 7万ドル	2300万円、金貨189枚、小判1枚、金杯1セット、20着	原子力事業本部長
森中郁雄 副社長	4060万円	2060万円 4万ドル	700万円、金貨4枚、16着	同本部長代理
鈴木聡 常務執行役員	1億2367万円	7831万円 3万5000ドル	1950万円、金貨83枚、小判2枚、金500グラム、14着	同副本部長
大塚茂樹 常務執行役員	720万円	200万円 1万ドル	210万円	同副本部長
白井良平 子会社社長	790万円	200万円	150万円、金貨16枚、4着	同本部長代理
勝山佳明 子会社役員	2万円	—	2万円	同副本部長
右城望 常務執行役員	690万円	100万円	340万円、5着	同副本部長
善家保雄 執行役員	30万円	—	30万円	同副本部長
長谷泰行 元日本原燃常務執行役員	230万円	—	80万円、3着	高浜原発所長
宮田賢司 原子力事業本部副本部長	40万円	—	40万円	高浜原発所長
氏名非公表　A	400万円	—	150万円、5着	原子力事業本部総務担当部長
B	85万円	—	85万円	原子力事業本部総務担当部長
C	30万円	—	30万円	原子力事業本部総務担当部長
D	50万円	—	1着	高浜原発副所長
E	20万円	—	20万円	高浜原発副所長
F	125万円	10万円	115万円	京都支社副支社長
G	115万円	—	65万円、1着	京都支社副支社長
H	25万円	—	25万円	京都支社副支社長
総額　3億1845万円				

https://www.sankeibiz.jp/business/news/191002/bsc1910022046027-n1.htm を参考に作成

　報告書では、事件を「森山氏が、その立場や当社との関係維持に固執し、あるいは自己の存在感を誇示するために、対応者に対し多額の金品を渡し、対応者がこれを返却しようとすると恫喝などの異常というべき言動でこれを拒絶したため、対応者が返却できなかった金品を保管し続けて返却の機会を窺う等、腐心していた案件」と認定しています。金品を渡されていたことについて「コンプライアンス上、不適切との評価を免れ得ない」としながらも、森山氏への「情報提供が森山氏から渡された金品の見返りとして行われたものとは認められない」「吉田開発への工事発注プロセスにおいてコンプライアンス上問題となる点は認められなかった」「工事発注金額については、社内ルール及び市況に基づいて適切

に算定した査定価格で交渉のうえ、決定されており、コンプライアンス上の問題は認められなかった」としています。

　しかし、工事発注に不正がなかったか、工事費が役員への還流の原資になっていなかったかの検証に欠かせない添付の発注案件リストは全て黒く塗りつぶされ、非公表とされていました。

　問題発生の背景、要因の項では、関係者の意識や前例踏襲主義の企業風土、組織として対応する仕組みの欠如を指摘し、コンプライアンス推進の強化などの再発防止策の提言が行われています。

社内報告書の作成過程は

　報告書には本文に続いて社内調査委員会委員長小林敬弁護士の所感が２ページあります。

　委員長の小林弁護士は、いわゆるヤメ検、元検察官です。2010 年、厚生労働省の村木厚子さんに無実の嫌疑がかかり、主任検事が証拠のフロッピーディスクを改ざんするというあってはならない事件が発生した際に、大阪地検検事正という組織のトップとして報告を受けながら、何ら適切な指示をすることなく上級庁に報告すら行いませんでした。不祥事を公表せずに内部処理しようとする動きは今回の関電の対応と重なりますが、責任を問われて減給処分を受け依願退官していました。その後、関電のコンプライアンス委員会の社外委員に就任し、調査委員会の委員長を務めることになりました。

　委員会のメンバーは他に、コンプライアンス委員会の社外委員である弁護士２人、同委員会担当の井上富夫副社長、月山將常務、廣田禎秀常務でした。

　10 月 2 日の記者会見では、八木会長、岩根社長の会見終了後に、関電事務局による事後レクチャーが行われ、小林弁護士もその冒頭で記者の質問に答えています。

記者「この調査に関して、冒頭、小林先生は、与えられた資料の中、与えられた人間の中、ヒアリングをしたので、森山氏や吉田開発などを調査するということはなかったという旨をおっしゃったんですが、資料をリクエストされたり、

ヒアリングの人物をリクエストされるというお考えはなかったんでしょうか?」

小林「そうですね。申し訳ないですけど、そこまでは思い至りませんでした。いや、少なくとも、森山さんや相手方に必要だという意識はあまりないまま判断させていただきました」

記者「ちなみに与えられた資料というのはどのようなものですか?」

小林「それは受け取った人のそれぞれの供述書なり、あとはそういう、なんて言うんですか、開示した資料の性格なりの報告とか、そういういろんな資料、いろんなって、会社の資料が基本になりますけども」

　結局、小林弁護士ら社外メンバーは会社から都合のいい資料で説明を受け、自ら金品受領者2人にはヒアリングしたものの、会社にとって都合のいい報告書にお墨付きを与えただけではないのかという疑いを禁じえません。

関電が絶対認めたくないこと

　「会社にとって都合のいい」とは、役員らが金品を受領していたことは金沢国税局の調べで否定できない事実だけれど、その原資が原発工事費の還流であることや、森山氏や関連企業に便宜を図ったことは認めない、ということです。会見でも次のようなやり取りがありました。

八木「私は金貨、金品の出どころがどこにあるか、そのことはまったく承知しておりません」

岩根「私もそこの出資元につきましては、考えのおよびつかぬところでございます」

記者「会長・社長は、金品の出どころについては承知していないというところの話だったと思うんですけれど、1億円以上もらっている豊松氏、鈴木氏はどういう認識を持っておられたのか?　1億という数字は普通ではないと思うんですが、いかがでしょうか?」

岩根「申し訳ございません、その点については豊松、鈴木のほうからヒアリング

をしてございませんので、ちょっとお答えできません。誠に申し訳ございません」

記者「多額の工事が発注され、そこから金品がまた関電のほうに戻ってるっていうのは、原発マネーの還流に外形的には見えるんですけれど、そういうふうには社長・会長は見えませんか?」

八木「今回の件をわれわれとして調査の中でした範囲において、森山氏と私たちの金品の関係においては、先ほど申し上げましたように、これはもらいたいと思ってもらって、誰一人もらいたいと思ってもらってるわけではなく、残念ながらそういう、相手を怒らせてはいけないという関係悪化を恐れ、むしろ原子力事業が立ちゆかなくなるということを心配して、いったん受領したということで、ただしそのことによって特に森山氏に便宜を図るとか、排他的な行為もしてないということで、そういう整理ができてます」

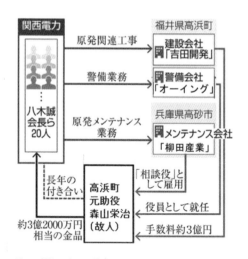

図1　原発マネーの還流

「そういう報告を受けてます」なら分かりますが、「そういう整理ができてます」とは、思わず本音が出たのではないでしょうか。発覚時に問題ないように、社内委員会ではなく会長自らも加担して整理したと思われます。

「関電良くし隊」の内部告発

この問題を共同通信が報じたのは、関電内部関係者と思われる「関電良くし隊」が2019年の３月から岩根社長に内部告発文書を数通出したにもかかわらず、岩根社長が動かなかったことから、マスコミ等にコピーが配られたことがきっかけでした。

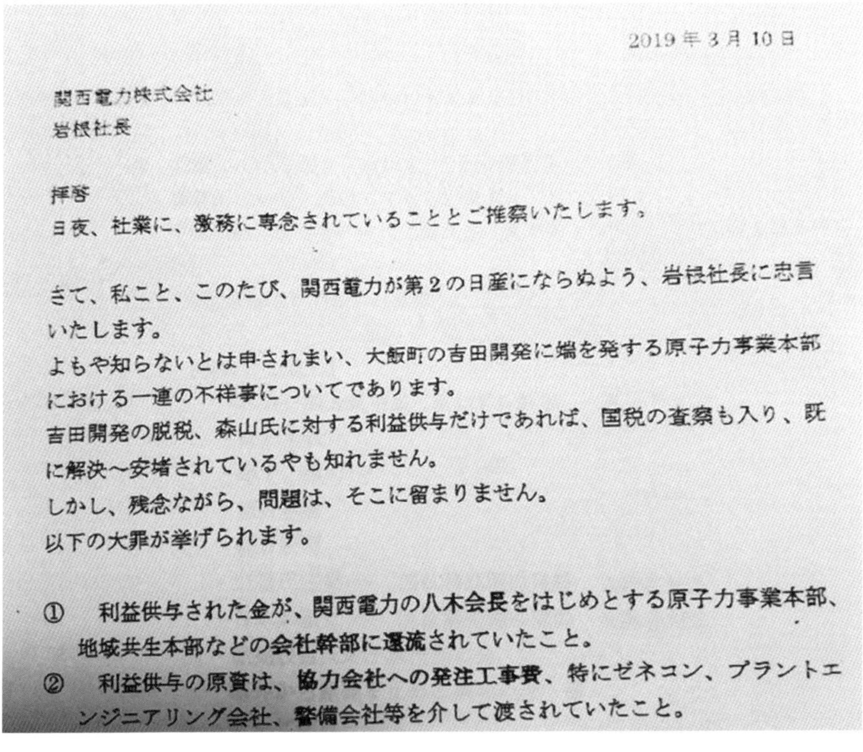

2019年3月10日

関西電力株式会社
岩根社長

拝啓
日夜、社業に、激務に専念されていることとご推察いたします。

さて、私こと、このたび、関西電力が第２の日産にならぬよう、岩根社長に忠言いたします。
よもや知らないとは申されまい、大飯町の吉田開発に端を発する原子力事業本部における一連の不祥事についてであります。
吉田開発の脱税、森山氏に対する利益供与だけであれば、国税の査察も入り、既に解決～安堵されているやも知れません。
しかし、残念ながら、問題は、そこに留まりません。
以下の大罪が挙げられます。

① 利益供与された金が、関西電力の八木会長をはじめとする原子力事業本部、地域共生本部などの会社幹部に還流されていたこと。
② 利益供与の原資は、協力会社への発注工事費、特にゼネコン、プラントエンジニアリング会社、警備会社等を介して渡されていたこと。

図２　「関電よくし隊」の内部告発文書（2019年3月10日付）

最初の文書は、３月10日付で、

① 利益供与された金が、関西電力の八木会長をはじめとする原子力事業本部、地域共生本部などの会社幹部に還流されていたこと。

② 　利益供与の原資は、協力会社への工事発注費、特にゼネコン、プラントエンジニアリング会社、警備会社等を介して流されていたこと。

③ 　その原資は、コストとして計上され、ほかならぬ、お客様から頂いている電気料金で賄っていること。

④ 　原子力事業本部で開催された倫理委員会なるものは、実質、隠ぺい工作のための作戦会議場としてしまったこと。

⑤ 　官権（国税、地検）まで手籠めにとり、官権と共謀して闇に葬ろうとしていること。

　　以上の5つの大罪に対して、どう釈明なさるおつもりか?

と問うています。

　さらに、「5大罪に関与した一連の幹部について、その地位をはく奪し、職務から追放すること」との要求が通らなかったとみるや、4月19日付で岩根社長あて、同25日付で八嶋監査役あてに「最後通牒」と題した文書を送りつけて警告しています。

　6月5日付の社長あての文書では「来る6月21日の株主総会の資料（取締役、及び監査役の選任）を拝見しました。社長と、監査役諸氏のご覚悟を確認させていただきました」として、マスコミ等に情報提供する旨が記載されています。

　そして、6月8日付でそれまでの書面のコピーとともに「この巨悪は、私共のような小さな声では排除できない、関西電力の再生は不可能であると考え、相応の社会的な力、影響力をお持ちの皆様方に、国政調査権などの更なる調査を通じて原子力行政にメスを入れていただきたく、筆を執った次第でございます」との手紙が出され、宛先は松井大阪市長、神戸市長、橋下徹氏、福井新聞、朝日新聞、立憲民主党、日本共産党、原発設置反対小浜市民の会、福井から原発を止める裁判の会、テレビ朝日、朝日放送、ＴＢＳ、金沢国税局、大阪地検特捜部と記載されています。

　共同通信は、この文書を入手し、丹念な取材で裏付けを行ってスクープにつなげました。

　この告発文書は、内部事情に詳しく、後に明らかになった事実と照らしても信頼しうると考えられます。「倫理委員会は、実質、隠ぺい工作のための作戦会議

場」とあることは、社内調査委員会の報告書の性格を示していると考えられます。

森山氏からではなく業者から直接の金品も

　10月2日の記者会見に話を戻します。八木会長、岩根社長の会見が終わり、事後レクチャーなるものの前半で小林委員長が所見を述べたりした後、岡田常務など事務局が記者に対応するときになって、本質的な質問が記者から飛び出しました。

記者「報告書の5ページの中段の辺りに『調査対象者26名のうち20名が森山氏
　　等から金品を渡されていたことが判明した』。この『等』というのは誰を含ん
　　でるんですか？」
関電「森山氏等の等は、同席をしていた工事業者からという供述をした者もおり
　　ましたので、このように記載をしております」
記者「これは吉田開発の社長ということでよろしいんですね？」

　岡田常務は「ちょっとこの『等』の意味につきましては、若干記憶でしゃべった」として、その場で答えられなくなり、数時間後に広報から「吉田開発を含む2社から大塚茂樹常務執行役員が現金100万円と商品券40万円、豊松秀己元副社長がスーツ仕立券4着（200万円相当）、鈴木聡常務執行役員もスーツ仕立て券1着（50万円相当）を受け取っていた」と補足されることになりました。
　業者からの直接の金品は還流であることを裏付ける核心部ともいえ、肝心なところを隠ぺいし続けようとした疑いがあります。危険な原発を運営する公益企業でありながら、透明性を図り説明責任を尽くすという基本的なことができないことを改めて示したと考えています。

軽い処分とその後の昇進

　それにしても「菓子折りの下に金貨が入っていた」とか、一着50万円のスーツの仕立券を使っていたなど、説明内容は突っ込みどころ満載。金沢国税局の調査が入ったとの情報を得た役員たちはあわてて一部を返却し、「返すタイミング

を計りながら一時保管していた」と言い訳をしていますが、税金の修正申告に応じていることは「一時保管」でなかったことを認めていることになります。

　問題発覚後に20年以上前から不適正な金の流れがあったとの証言が続出したことから、不正の金額はもっと大きいと思われました。

　受け取って当然とされていたから、個人任せにし、会社で一括保管することなど考えも及ばなかったのでしょう。

　報告書は取締役会に報告すらされず、自らも金品を受け取っていた岩根社長がお手盛りで八木会長と豊松副社長を減給2カ月、社長自らは減給1カ月、1億円を超える額を受け取っていた鈴木副本部長や4060万円受領の森中郁雄原子力事業本部長代理、720万円受領の大塚茂樹副本部長（いずれも当時）は厳重注意という軽い処分を下して、その処分も公表しませんでした。その結果、2019年6月の株主総会に出席した株主はそのことを知らされることなく、その場で多額の金品を受け取って処分された森中氏が副社長に、鈴木、大塚の両氏は常務に昇格までしています。この人事が「関電良くし隊」に内部告発を決断させるきっかけになったと思われます。

隠ぺいを咎めなかった監査役

　違法行為や著しく不当な行為がないか調べて是正するのが職務である監査役が報告を受けたのは、社内調査報告書がまとめられた後の2018年10月1日であったとされています。金品受領行為は法違反が疑われ、少なくとも著しく不当な行為に該当することから、これを知った監査役には取締役会への報告義務があるのですが、彼らは行いませんでした。

　そればかりか監査役会は2018年11月26日に監査レポートをまとめ、本件発覚後の執行部の対応は「概ね妥当」と評価しています。企業統治が全く機能していないと指摘されて当然でしょう。

　株主総会前に調査報告書を公表すべきと意見を述べた監査役もいたとの報道もありますが、そのとおり実行されなくても異を唱えることなく、株主たちを欺くことに手を貸したと言われてもしょうがない経過をたどりました。

　関電には当時監査役が7人おり、うち常任3人は元経営幹部で、4人が社外の

弁護士や学識経験者などとなっていました。取締役会への報告義務が生じるか否かの法的解釈は社外監査役の土肥孝治弁護士の意見が大きく影響したとされています。土肥弁護士は検察トップである検事総長を1996年から2年間務めた後に弁護士登録し、2003年から関電の社外監査役を務めていました。岩根社長らは金品受領を「不適切だが違法ではない」と強調し、刑事責任はない旨を主張していますが、検察OBを味方につけて現役検察官ににらみを利かせているつもりなのでしょうか。ちなみに土肥弁護士は2019年度の株主総会で退任し、後任には大阪地検検事正、大阪高検検事長などを歴任した佐々木茂夫弁護士が就いています。

　公益社団法人日本監査役協会は、2019年10月25日に会長声明を出し、今回の事案については具体的なコメントは差し控えるとしながらも、「企業統治の一翼を担う監査役としては、取締役会への報告を含め、その職責の遂行に当たっては、責務を違法性のみに狭く捉えるのではなく、企業統治の向上に資すると判断すれば積極的に行動することが求められている」「このような不祥事が発覚した場合、通常組成される調査委員会の構成につき独立性が担保されているかの検証を行うとともに、事実解明やガバナンスが機能していたかの検証並びに再発防止のための体制づくり等についても監査役は大きな責務を負っており、執行に対しても毅然とした姿勢で対応する覚悟が求められる」と批判しています。

第2章　第三者委員会報告書

第三者委員会の発足

　2019年10月2日に八木会長、岩根社長が記者会見した際に、より徹底した調査を実施するとともに、これまでの調査の妥当性の検証をするために新たに第三者委員会を設けると表明されました。

　そして、10月9日の会見時には、メンバーが但木敬一弁護士など弁護士4人に決まったことが明らかにされました。委員長の但木弁護士も2006年から2年間、検事総長を務めていた元検察官です。ちなみに他の3弁護士は、元第一東京弁護士会会長、元東京地方裁判所所長、元日本弁護士連合会会長という肩書でした。会社から独立した中立・公正な社外委員のみで構成されていて、日本弁護士連合会が2010年に策定した「企業等不祥事における第三者委員会ガイドライン」に準拠して設置、運営されると説明されました。第三者委員会を設置することで、世論に押された関電が事態の収拾を図った形です。

　しかし、関電の記者発表資料では「具体的な調査対象の範囲、調査手法については、本委員会が当社と協議したうえで決定する」とされていて、「協議」により第三者委員会がどこまで独自に調査できるのか懸念されました。事務局となるのは関電社員で、岩根社長が辞任せず調査に対応するとされたことから指示や影響を受ける可能性も考えられたからです。

　関電は、年内に報告書をまとめることを期待するとしていましたが、12月15日に委員全員で記者会見が行われ、但木委員長は「調査を進めるにつれ、奥深い問題が出てきた」として年内報告ができないことを明らかにしました。

関電役員の金品受領と見返り

　結局、第三者委員会の報告は2020年3月14日になりました。メールサーバー等に残されていたデータを復元解析するデジタル・フォレンジック調査を本格的に行うなどして取りまとめられています。

金品受領者は、社内調査書で明らかにされていた20人から75人に増え、総額も3億6000万円相当に膨らみました。金品提供の目的についても「その見返りとして、関西電力の役職員に、自らの要求に応じて自分の関係する企業への工事等の発注を行わせ、そのことによってそれらの企業から経済的利益を得る、という構造、仕組みを維持することが目的」と認定されました。社内調査委は森山氏が自己顕示欲を満足させるためとしていましたが、第三者委になってようやく当たり前のことが認められたという印象です。受け取っていた関電の側にもその認識があったから、社内調査委は無理筋の理由で免責を図ろうとしたのでしょう。

　金品は、関連企業が直接役員に渡した場合は全部または一部を関連企業が、森山氏が渡した場合も実質的には関連企業が拠出したとしています。この結果、関連企業は森山氏を通じて工事の情報を事前に得ていただけでなく、延べ380件以上の工事の事前発注の約束を取り付け、年度ごとの発注総額のノルマまで取り付けていました。

　関電は入札を経ない特命発注で関連企業に工事を出しており、「特命理由の合理性には疑義」「発注プロセスの適正性や透明性等を歪める行為であり、ひいては関西電力の利益をも損なわせるおそれ」「コンプライアンス上極めて重大な問題」と指摘されています。

　また競争発注についても、落札者が事前に決定しているなど一部で形骸化していた可能性を認めています。事前に情報提供されていた9件の工事ではすべて関連企業が落札しており、入札で公平性が担保されていなかったことは明らかです。

金品の原資と原発工事等の品質

　しかしながら、工事の発注金額については「水増ししていたなどの事実は認められず、本件取引先に対する発注金額が不合理であったと認めるまでには至らなかった」としています。

　水増しがなかったのであれば、受注した関連企業側が利益を削って還流マネーを生み出したことになります。であれば、原発という安全が最優先されるべき工事において金を浮かすために品質を落としていなかったのかが問われますが、こうした点について第三者委の報告は言及していません。

大飯原発で「保安検査の要求レベルを満足できない可能性」があるにもかかわらず警備会社を森山氏の関連会社に切り替える検討をしていたことが報告書に書かれており、品質確保よりも森山氏との関係を優先していた疑いがぬぐえません。

関電と森山氏の関係

　問題発覚時に岩根社長らは森山氏が怖くて返せなかったなどと被害者を装いましたが、報告書には「関電と森山氏の関係」の項があり、高浜3、4号増設への協力や原発の運営への協力が挙げられています。中でも関電が第三者委員会に提出した1994年作成の関電の資料には、森山氏の十数件の関電への「貢献」が記されており、

- ・スリーマイル事故後の早期運転再開に力になった
- ・高浜3、4号第2次公開ヒアリングを取り仕切って成功させた
- ・チェルノブイリ事故に際し地元団体からの陳情書を町限りに止め、公にしなかった
- ・地元企業からのフナクイムシに係る要望に際し、当社と地元企業の仲介を行い、正常な土地取引として解決
- ・高浜3号内での業者の圧死事故に際し警察・地元関係に対する無言の圧力により穏便に済ますことができた
- ・議会対策上、一部議員の封じ込みを図り発電所をカバーしてくれた

などが挙げられているのです。

　これらについて、第三者委は「行政担当者の職務として行うべきものか疑問があるものや、適切な解決が行われているのか疑問」としながら、「資料等により詳細な事情を確認できたのはフナクイムシ問題のみ」として、切り込めていません。

　ちなみにフナクイムシ問題では温排水による被害補償要求を、利用計画のない土地を正常価格よりも4億5000万円高い金額で購入するという「不透明な解決」を図ったと認定されています。

　森山氏が高浜町を退職した後は、子会社関電プラントの顧問に据え、少なくと

も計 6780 万円の顧問料を支払っています。また、2009 年度から 2017 年度までの 9 年間で 421 回、金額にして 8952 万円の饗応接待を繰り返していました。週 1 回のペース、1 回あたり 18 万円強になります。

関電が被害者でないこと、森山氏を利用していたことは明らかです。

政治家の関与は？

「関電良くし隊」の内部告発文書には、「工事費等を水増し発注し、お金を地元有力者及び国会議員、県会議員、市長、町長等へ還流させるとともに、原子力事業本部幹部職員が現金を受け取っていた」と書かれていました。しかし、第三者委員会報告では、政治家等への現金提供はまったく解明されていません。

森山氏が相談役についていたメンテナンス会社柳田産業の社長らから 2012 年から 2015 年の間に世耕弘成元経産相に計 1050 万円の政治献金が流れていたと報じられました。また、稲田朋美元防衛相にも森山氏が設立したとされる警備会社オーイングとその関連会社アイビックス及び幹部から政治献金が渡っていたことが報じられましたが、いずれも政治資金収支報告書に記載されている表の金です。

森山氏は福井県職員 109 人にも金品を提供していたことが県の調査で明らかになっています。また、オーイングでは警察ＯＢを採用し、地元警察署にも金品を渡していたとうわさされています。関電だけでなく多方面ににらみを利かせていた森山氏が、政治家に金品を配っていないと考える方が不自然です。

森山氏が金品提供をメモしていて金沢国税局に押収された手帳には政治家への裏金も書いてあったのでは？　金沢国税局から情報提供を受けたであろう検察が動かなかったのはなぜか？　官邸への忖度？　元経産官僚の古賀茂明氏は納税時期の 2018 年 2 月に金沢国税局長が辞任を申し出たのは、アンタッチャブルに手を付けた責任を取らされたのではないかとの推測を週刊朝日に書いています。

森山氏が助役であった頃に裏工作を依頼していた内藤千百里副社長（2018 年死去）は、生前、朝日新聞のインタビューに応じて、少なくとも 1972 年からの 18 年間、歴代総理 7 人や自民党有力者に年間数億円を献金していたと証言していま

す。電力各社は 1974 年に企業献金廃止宣言をしていますが、水面下で少なくとも 1990 年ころまで闇献金を続けていたことになります。

第三者委は政治家への金の流れを調査したけれどわからなかったのか、そもそも調査しなかったのか明らかにしていません。捜査権を持たない第三者委の限界であるならば、検察が明らかにすべきです。

不明朗な寄付金、地元工作

報告書は関電役員が金品受領を断れなかった理由として、関西電力にとって不都合であり世間に公表されたくない高浜発電所立地時代の話を森山氏に暴露されるのではないかなどと考えた、としています。ところがこの不都合な事実とはなにかは明らかにされていません。

高浜 3、4 号炉増設にあたり森山氏が助役として裏仕事をしたことの一端は、先にも述べたとおり報告書にも書かれていますが、これも十分ではありません。

関電は、高浜 1 号炉の設置許可が下りた翌年 1970 年から少なくとも 14 回、総額 43 億円の寄付を高浜町に行っていることが明らかになっています。金額ベースでうち 8 割が森山氏の助役在任期間に重なります。寄付の中には、当時の浜田倫三町長の個人口座に 1976 年 10 月から 1977 年 6 月にかけて 3 回に分けて計 9 億円が振り込まれ、うち 3 億 3000 万円が 1978 年 4 月に増設に反対する漁業組合に支払われたという、きわめて不明朗なものも含まれています。一部の漁業組合ではこのお金がさらに個人にばら撒かれて反対の声が封じられたとされています。町長口座の残りのお金は、1977 年 9 月補正予算から 3 回に分けて町予算に入れたと説明されていますが、疑惑はぬぐえません。本年（2020 年）4 月 3 日の衆議院経済産業委員会に参考人で呼ばれ、このことについて訊かれた森本孝新社長は、記録が残っていないとしか答えませんでした。

1979 年 9 月の高浜町議会では、町長が「高浜 1、2 号機に関する協力金 2 億 5000 万円も、じつは関電が昭和 44（1969）年から 49（1974）年にかけて町に支払ったので、学校整備費等にあてた」と 1978 年度決算案審議の中で初めて明らかにしています。

関電は、これまで寄付金の支出先、金額等を公開してきませんでした。そのこ

とをいいことに、森山氏のような声の大きいものの求めに応じたり、関電自身の判断で地元対策費として恣意的に支出したりし、寄付金本来の効果の検証も明らかにされてきませんでした。こうした問題に、第三者委報告書は全く踏み込めていません。

許せない闇補填

　第三者委報告には、看過できない新事実も含まれていました。

　福島原発事故後に原発がすべて停止に追い込まれた時、関西電力は 2013 年 5 月と 2015 年 6 月の 2 度にわたって電気料金を値上げしました。様々な経営努力をするのでご理解をと説明され、その中に役員報酬の減額がありました。ところが、役員退任後にその減額分を補填することを、当時の森詳介会長と八木社長がこっそり決めていたのです。2019 年の株主総会で副社長を退任し、エグゼクティブフェローに就任した豊松氏の場合、毎月 90 万円！　森氏は決定直後に退任して受け取る側に回っています。

　第三者委員会報告書は「追加納税は個人の税務上の問題で職務執行に関するものとは言いがたく、正当性を認めることは困難」と指摘しましたが、金額までは明らかにしていませんでした。関電は、その後、補填を受けていた退任役員は 18 人、昨年（2019 年）10 月までの支出総額が 2 億 6000 万円と公表しましたが、森、豊松両氏以外の氏名すら明らかにしていません。原発マネー不正還流が明らかになって昨年 10 月に打ち切ったとのことですが、そうでなければ総額は膨らんでいたことになります。

　第三者委員会もユーザー目線を欠いていると批判していますが、私たち電気料金を支払ってきたものとしては許すことができません。電気料金の値上げの際に約束した役員報酬の減額は実質的にウソで、取締役会の議も経ない勝手な裁量で自分たちの懐を増やしていたのですからとんでもない背信行為です。

　また、豊松氏ら 4 人は、金沢国税局から受領した金品が所得に当たると指摘を受け、追徴課税を支払っていました。今度は八木会長と岩根社長が森相談役（いずれも当時）にも諮って、追徴課税分を 5 年かけて補填することを決めました。豊松氏の場合、その額、毎月 30 万円。結局、豊松氏の報酬は月額 490 万円！　過

去のエグゼクティブフェローの倍額相当だそうです。

　顧問や相談役など、関西電力は退任後の役員に様々な肩書をつけて報酬を支払ってきました。いったい何人いて報酬額はどうなっているのか、これまで株主総会で質問しても報酬額については答えがありませんでした。

第三者委員会報告書格付け委員会

　第三者委員会の調査報告書を「格付け」して公表することにより、調査に規律をもたらし、報告書に対する社会的信用を高めることを目的としている民間の委員会があります。日弁連第三者委員会ガイドライン作成に関わった弁護士ら9人の委員で構成され、委員長は久保利英明元日弁連副会長です。

　その格付け委員会が4月3日、関電第三者委員会報告書の評価を公表しました。結果はB評価が5人、C評価が3人、1人（野村修也委員）は「都合により評価しない」でした。

　格付け委員会は、評価に先立って2019年11月15日に第三者委員会に6項目にわたる申し入れを行っています。その要旨は、①関電が元助役をどのように利用していたか調査すること、②贈答品受領が原発工事発注の適正性に影響していないか説得力のある事実認定をすること、③原発マネーが還流したとの疑義について説得力のある事実認定をすること、④監査役会が取締役会に報告しないでよいとした判断の解明及び社外監査役の選任プロセスの調査、⑤当初社内委員会で済ませようとした経緯の調査、⑥検察捜査に切り替えることを視野に対応する用意があるか、でした。

　この申し入れを踏まえて評価を行ったところ、金品受領行為と事前発注約束等、そして問題発覚後の関電の対応について、デジタル・フォレンジックも駆使した客観的な資料に基づく精緻な事実認定がなされている点について、総じてある程度高い評価で一致したとしています。他方で、原因分析の深度や組織的要因への言及、再発防止提言の実効性や説得力については、低い評価をする委員が多かったとのことで、その要因を、委員構成の専門性不足（原子力の専門家が不在）や、調査スコープが狭すぎる（地元自治体との関係性が対象外）点に求める委員も少なくなかったとしています。役員の経営責任への適切な言及がない点、金品受領

と工事発注との時系列的な分析が不足している点、同種の不正行為に関する件外調査が不足している点、工事の品質や安全性の検証が不足している点を指摘する委員もいたそうです。

関電の改善計画は原発推進が前提

第三者委報告を受けて岩根社長が退任し、森本孝副社長が社長に就任しました。森本新社長は、就任会見で「電源構成を変更する考えはない」と述べ、原発推進を継続していく意向を示しました。森本氏は副社長として、2018年10月9日に開かれた役員研修会の場で不正な金品受領問題の概要を知りながら、事件を公開しないことに異を唱えていませんでした。

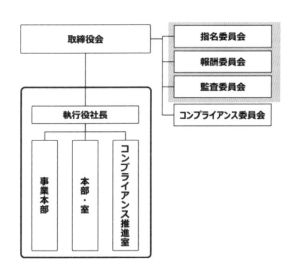

図3　関電社内体制（出所：関西電力「業務改善計画」）

また、関電は、3月30日に、93人を処分するとともに、社外取締役の権限が強い指名委員会等設置会社への移行などを柱とした改善計画書を経済産業省に提出しました。指名委員会等設置会社は、2005年の法改正で導入され、業務執行と監督を分離し、業務執行者に対する監査と監督機能を強化した企業形態とされ

ています。取締役会の中に社外取締役が過半数を占める指名委員会、監査委員会及び報酬委員会を置いて経営を監督する一方、業務執行については執行役にゆだねることになっています。

　しかし、改革は形を作ることだけでは達成できません。改善計画書には「コンプライアンス意識の醸成・徹底」など実効性が疑われる文字が並んでいますが、本来は情報公開と説明責任の徹底を図り、市民の監視下に企業経営が置かれるべきです。

　改革の一環として社外から招く会長に榊原定征前経団連会長をあてる人事案を株主総会に提案することが4月28日の取締役会で決められました。榊原氏は、経団連会長時代、原発再稼働に旗を振ってきた人物です。今回の不正還流問題は、迷惑施設である原発の建設や運転が、多額の金品を配って形成した原発利権を一部の者で享受する体制なしにはできなかったことから生じています。原発推進を改めようとしない、このような役員体制では、関電の抜本的改革などできるはずがありません。

第3章　真相究明を求める運動

役員の法的責任

　関電役員らの行為は、特別背任や会社法の収賄罪、さらには追加納税したとはいえ脱税に該当するはずです。

　特別背任は不当に高額の工事を発注して会社に損害を与えた罪です。衆議院経済産業委員会に参考人で呼ばれた森本孝新社長は、随意契約ではなく入札であればもっと安く調達できていたのではないかと問われましたが、はぐらかして答えませんでした。入札であれば下がる工事費を随意契約で出せば高止まりするので、会社に損害を与えたかどうかは大きな焦点ですが、第三者委員会報告書は「関西電力の利益をも損なわせるおそれ」とするにとどまっています。損害を認めてしまうと旧役員に法的責任を問わなければならないからでしょう。

　一方、収賄罪は、公務員であれば金品の受領だけで有罪ですが、民間会社の役員の場合は「不正の請託」を受けていてはじめて犯罪となります。「不正の請託」とは、職務に関して不当な行為を行い、または当然なすべきことを行わないことを依頼することです。正当な理由がないのに随意契約等で工事を出すよう求めていたと第三者委報告も認めているのであり、これは「不正の請託」にあたると考えられます。

　第三者委員会の但木委員長は、記者会見で「森山さんは長期間に亘って趣旨なくお金を渡しておいて、それである時、あの工事くれとか発注を増やしてくれとか言うわけです。だからやった時の趣旨は実は全く不明なのです。そういう事件をやれるかというと、今捜査しているのだから、できるとかできないとか言うべきでないですが、主観面を立証するのはすごく難しいように私は思います」と述べて、立件は難しいとしました。

　これに対し、元東京地検特捜部の郷原信郎弁護士は、「これまでの実務では、贈収賄における『請託』は、かなり抽象的なものでも十分に認められてきた。例えば、ゼネコン汚職事件での仙台市長の受託収賄事件のように、『仙台市発注の

公共工事におけるゼネコン各社の受注に便宜を図る』という程度の抽象的なもので『請託』が認められた例もある。今回の事件でも、金品の供与と具体的な工事との関連性が明確でなくても、金品の提供が『森山氏に関連する企業に関電工事発注で便宜を図ることの依頼』によるものであることの認識があれば、『請託』を認めることは十分に可能であろう」と批判しています。

（出典：https://news.yahoo.co.jp/byline/goharanobuo/20200319-00168613/）

刑事告発へ

　関西の脱原発市民グループは、問題発覚後、それぞれ直ちに抗議声明を作成し、関電本社への申し入れを行いましたが、私は申し入れの受け取りすらしないことが多い関電を相手にするには告発しかないと思いました。マスコミやネットの記事では、これまで適用例がない会社法の収賄容疑や特別背任に該当するという指摘が報じられ、「告発されたら捜査せざるを得ないだろう」という検察関係者のコメントまで載っていました。私自身はすぐに動けなかったので、「脱原発へ！関電株主行動の会」の滝沢厚子さんに相談して、大阪で原発裁判を手がける弁護士さんのところに相談に行ってもらったり、告発状を自分なりに書いてみたりしていました。

　たまたま敦賀に学習会の講師に呼ばれていて、その場で原子力発電に反対する福井県民会議事務局長の宮下正一さんと相談し、宮下さんが脱原発弁護団全国連絡会共同代表である河合弘之弁護士に相談して、告発する会を立ち上げることが決まりました。

　バタバタと準備した後、10月24日に大阪に河合弁護士を招いて「関電の原発マネー不正還流を告発する会」を立ち上げることができました。発足集会では、最初に、河合弁護士から「不正なお金がないと成り立たない原発と訴えていこう。告発によって検察が起訴するかどうかは分からないが、皆さんのお金がくすねられているのだから検察審査会が起訴相当にする可能性はある。闘うこと自体に意味がある。怒りを結集してほしい。怒りを示すのは告発人の人数だ」と檄が飛びました。

　その後、会の立ち上げを確認し、1000人を目標に告発人を募ることになりまし

た。多くの怒りが寄せられた結果、告発人は目標を大きく上回る 3272 人になり、12 月 13 日に大阪地検に、関電役員 12 人に特別背任罪（会社法 960 条 1 項）、背任罪（刑法 247 条）、贈収賄罪（会社法 967 条 1 項）、所得税法違反（238 条 1 項、120 条 1 項）の疑いがあるとする告発状を提出しました。また、1 月 31 日には告発委任状の追加提出を行い、告発人は 3371 人になりました。すべての都道府県から告発人が出ており、怒りは関電管内だけでなく全国に広がっていることを実感できました。

第三者委員会報告に声明

告発する会では、3 月 14 日の第三者委員会報告公表に際して、次のとおり声明を出しました。（一部略）

調査報告書は、従来の社内調査で判明していた分に加えて、52 名、4000 万円の金品受領が判明したとする。しかし、30 年分としては非常に少ないと言える。このことはまだ闇に包まれた、未解明な部分が大きいということである。

長年にわたって多額の金品の授受がなされていた理由には、原子力発電所が、平常時から放射性物質を放出し環境を汚し、また、ひとたび重大事故を起こすと周辺地域一帯を人が住めない場所にしてしまう危険を内在する迷惑施設であるためだと考えられる。迷惑施設を受け入れてもらうために、多額の金員を配り、原発利権を形成し、その利権を一部の者・業者のみに享受させていたと考えられる。

この原発の本質に対する考察が今回の報告書には欠落している。私たちは原発を廃止しない限り本件のような汚いお金のやりとりは無くならないと考える。

調査報告書は、ユーザー目線が欠けていると強調しているが、関電役員による多額の金品受領を知って、関西の市民は怒り、あきれている。それらの原資は、遡れば市民が月々支払っている電力料金だからである。「市民をバカにしている」という声が関西に充満している。検察はこのような市民の声に応える必要がある。

但木委員長は会見において、関西電力の吉田開発などに対する不正な工事発注がなされ、他の競争会社に対する関係でも不公正であることを認めている。

他方、但木氏は金品の提供との具体的な関連が必ずしも明確でないとして刑事立件はむ

つかしいと説明している。しかし、ずっと賄賂を贈り続けて、会社を支配下に置いて、自社・関連会社への工事発注を求めたとしても、関西電力が原子力の推進のために森山氏との関係を継続的に利用していた関係にあることは否めず、不公正な契約発注を続けた会社役員の刑事責任を問うことがむつかしいというようなコメントは理解できない。

　第三者委員会は、最終報告書作成に際して多大な力を尽くされた。しかし、前記の通り、まだ未解明の闇は大きいうえに、第三者委員会には、吉田開発など森山氏の関連会社に対して強制的な調査をする権限がない。このことは本日の第三者委員会の会見でも認めるところである。税務署にあると考えられる重要な資料の入手もできない。この限界を突破して真実を明らかにできるのは、押収捜索、取調、逮捕等の強制権限をもつ検察しかない。

　大阪地方検察庁において、私たちの告発を速やかに受理し、直ちに捜査に着手してもらいたい。

追加告発

　告発状提出の際、受理するかどうか2〜3カ月で通知するとの話がありましたが、大阪地検からはその後何カ月たっても、受理したとの連絡がありませんでした。

　そこで第三者委員会報告で新たに明らかになった退任役員への役員報酬削減分と追徴課税分への補填問題で新たに業務上横領と特別背任で役員らの告発を行うことになりました。

　今回も告発人を募ったところ全都道府県から手が上がり、2169人の告発人で、6月9日に大阪地検に告発状を提出しました。告発状提出は事前連絡していたにもかかわらず検事ではなく事務官の対応となり、河合弁護士は「12月13日に提出した告発状が未だに受理されないことに強く憤慨している。告発状の受理については、検察に受理するかしないかを判断する権限は与えられていない。このままの状態であれば、（受理せざるを得ない）内容証明郵便による告発を行う」と通告。事務官は「検事でないので答えることはできないが、3000人を超す告発であることを検事は分かっていて検討中です」などとの返事でした。

　河合弁護士は、地検前の集会や記者会見で「社会的に見ても非常に恥ずかしい案件。公的な会社がするべきことではない。電気料金を払っている消費者に対す

る詐欺行為と言っていい。絶対に許してはいけない」と語りました。

　原発マネーの還流はどのように行われていたのか、高浜原発以外ではなかったのか、政治家への不正な資金の流れはなかったのか、真相を解明しなければ再発防止もままなりません。

　そのためには強制的な捜査権限を持った検察が動く必要があります。吉田開発や森山氏の遺族への取り調べや押収、捜索、また税務署からの事情聴取は検察でないとできません。検察は告発状を正式に受理し、捜査を尽くすべきなのです。

株主代表訴訟でも追及へ

　取締役が違法な行為をして会社に損害を与えた場合には、会社はその取締役に対し損害賠償の請求をすることができます。会社が責任を追及しない場合には、会社ひいては会社のオーナーである株主が損害を被ることになるため、株主が会社に代わって取締役に対して会社が被った損害を賠償するよう訴えを起こすことを認めているのが株主代表訴訟です。この制度も使って金品受領問題を追及しようと河合弁護士から提案があり、毎年株主総会で脱原発の提案を行ってきた「脱原発へ！関電株主行動の会」のメンバーと相談を行いました。制度上、いきなり株主が訴訟を起こすことはできず、まず会社に訴訟を起こすよう求める請求を行い、請求から60日経っても会社が提訴しない場合に株主が提訴できることになっています。

　そこで、河合弁護士の提案に応じた株主5人が、2019年11月27日に、関電監査役に「取締役に対する責任追及訴訟提起請求書」を送付しました。これに対し、関西電力監査役は1月23日に「責任追及の訴えを直ちに提起すべきであるとの判断には至っておりません。第三者委員会の調査報告書が当社に提出された段階で……改めて判断する予定」と回答しました。

　5人の株主は、第三者委員会報告書公表を受けて、新たに判明した事実で現・元取締役と監査役の問題を整理し直し、4月17日、責任追及の訴えを起こすよう改めて請求しています。11月の請求では取締役の責任を問うものでしたが、改めての請求では問題を公表しないことを容認していた監査役についても責任を問うものとなっています。

一方、関電は3月30日に利害関係のない社外の弁護士で構成する「取締役責任調査委員会」を設置し、「取締役がその職務執行につき善管注意義務違反等により当社に対する損害賠償責任を負うか否か等について、法的な側面から調査・検討を行う」としていました。委員長は元最高裁判事の才口千晴弁護士です。善管注意義務とは、役員が会社に対して「善良な管理者の注意」をもって職務を負う義務を指します。森山氏への対応を個人任せにして改善策を取らなかったことは第三者委員会報告書で認定されており、取締役が善管注意義務を果たしていたとは到底言えないと考えられました。

　その調査委員会が6月8日に報告書を関電に提出しました。金品受領、事前発注約束、退任役員への闇補填について旧役員の善管注意義務違反を認定し、問題を公表しなかったことについても裁判所の判断を仰ぐべきとしています。責任があると認定した5人の旧役員が会社に与えた損害額を約13億円と算定しました。

　監査役については、関電は取締役責任調査委員会とは別に社外の弁護士に調査を依頼しました。その結果、善管注意義務違反があり、監査役への訴えは勝訴の蓋然性が高く債権回収の確実性が認められる可能性が高いとしながらも、回収が期待される利益が諸費用を上回らない可能性があるとの報告を受けていました。

　これらを受けて関電は、6月15日に開いた臨時監査役会等で5人に計19億3600万円の損害賠償請求を行うことを決め、翌日提訴しました。監査役への訴えは見送り、「訴えを提起しないことが当社のために最善と判断した」としています。損害額19億3600万円の内訳は、営業上の損失（8億7900万円）、信頼回復のための広告費など（2億8400万円）、金品受領問題の調査費用（少なくとも7億7300万円）となっています。不適切な工事発注による損害額については、調査委員会が「森山氏から受領した金品の総額である約3億6000万円を上回ることは容易に推察できる」としたにもかかわらず、関電は損害請求していません。これについて、佐々木監査役は「（取締役責任調査委員会の報告には）論理の飛躍があり、損害の発生およびその額について何らの具体的根拠がないので提訴すべきでない」と判断したとされています。事件の核心部を損害として認めないのは、特別背任で告訴されている刑事事件への影響を恐れたからで、関電が十分な反省を行っていない証左と言えます。この日、記者会見は開かれず、「ガバナン

スやコンプライアンス（法令順守）重視の姿勢は、早くも疑問符が付く形となった」（産経新聞）とマスコミからも批判されることになりました。

表2　関電による元役員への提訴

	金品受領	不正発注	社内調査の非公表	役員報酬の補填	追加納税の補填
八木誠 前会長	○	×	○	○	○
岩根茂樹 前社長	○	×	○		○
豊松秀己 元副社長	○	×			
白井良平 元取締役	○	×			
森詳介 元会長				○	

○：関電が提訴した項目
×：責任調査委員会が善管注意義務違反としたが、
　　関電が提訴しなかった項目

　不十分ではあるものの、まさに株主の追及がここまで追い込んだといえます。しかし、5人の株主が提訴請求を出した際に責任があるとしたのは現旧役員12人と監査役で、関電に与えた損害額の見積もりも関電のものとは違います。
　5人を原告にし、訴訟参加に名乗りを上げた株主44人が共同参加人として加わった株主代表訴訟を6月23日に大阪地裁に提訴しました。私も、株主代表訴訟の話が出てから慌てて株を購入し、参加原告の一人となることができました。関電が起こした訴訟と併合されて審理が進むことになると思われます。

表3　株主による元役員への提訴

	金品受領	不正発注	社内調査の非公表	研修会後の非公表	役員報酬の補填	追加納税の補填	取締役会への非報告
八木誠 前会長	◎	○	◎		◎	◎	
岩根茂樹 前社長	◎	○	◎			◎	
豊松秀己 元副社長	◎	○	○				
白井良平 元取締役	◎	○					
森詳介 元会長					◎		
森中郁雄 前副社長		○					
森本孝 現社長ら 2018年度社内取締役 8名				○			
監査役8名							○

◎：関電も提訴した項目
○：株主独自の提訴項目

第4章　原発マネーの不正の数々

経済産業省の法違反

　経済産業省は、3月16日、電気事業法に基づいて、関電に業務改善命令を出しました。法令等遵守体制の強化、工事の発注・契約に係る業務の適切性及び透明性を確保するための業務運営体制の確立、経営管理体制の確立などを求めるもので、このようなことを求めなければいけない関電に原発の運転資格はないと改めて思います。

　ところが、命令発出にあたり必要な電力・ガス取引監視等委員会への事前意見聴取を忘れていたことに気づいた経産省は、委員会への聴取日を命令前の「3月15日」とした虚偽公文書を作成し直して、ミスを隠ぺいしようとしていたことが、情報公開請求を受けた省内調査で明らかになりました。課長級職員が行い、部長級職員も承認していたというのですから事態は深刻です。虚偽公文書作成は刑法156条に違反する行為で、経産省は警視庁に報告を行っていますが、戒告1人、訓告2人、経産省事務次官と資源エネ庁長官を含む4人に厳重注意という軽い処分で済ませました。梶山弘志経産相は「告発を行うまでの違法性はない」と開き直りました。関電に対しては、電力・ガス取引監視等委員会への意見聴取を改めて行った上で、3月29日に同じ内容の命令を発出し直しています。

　法令順守を求める手続きで法令違反をするという信じられない事態で、経産省に指導監督官庁の資格はありません。

他の電力会社での金品受領は

　また、経産省は、4月6日、他の電力会社に、役職員による金品受領、不適切な工事発注・契約、電気料金値上げ時にカットされた役員報酬に対する補填等がなかったか報告を求めました。ところが、わずか10日ほど後の4月17日が回答期限とされ、北海道電力や中部電力等では調査手法さえ記載していないなど、おざなりな報告しか上がってきませんでした。また、過去に遡った調査を行ってい

ない事業者も存在したからとして、経産省は4月21日に、30日を回答期限とする追加報告を求めました。

しかし、過去10年間を調べろとの指示で、関電の第三者委員会が1980年代まで遡って調査したことに比べると調査対象期間が短く、調査手法の指示もありません。その結果、関電で行われたメールの復元などは行われず、該当者に問題はないか尋ねただけの調査に終わりました。しかも、コロナ感染下のため対面の聞き取りもほとんど行われていません。

「社会通念上常識の範囲を超える金品受領はなかった」（東北電力）、「儀礼の範囲を超える金品受領はなかった」（中部電力）などと報告されていますが、「常識の範囲」「儀礼の範囲」の基準すら明確にされておらず、まさに形だけの調査に終わりました。

森山氏関連企業からの他電力管内での金品

森山氏が発注金額を増額するよう関電に要求していた会社の一つ、敦賀市の建設会社塩浜工業は、森山氏に謝礼金を支払っていたことが分かっています。その塩浜工業が佐賀県玄海町の脇山伸太郎町長に現金100万円を町長選初当選2日後の2018年7月31日に渡していたことが、今年（2020年）1月に発覚しました。脇山町長が代表を務める政治団体の収支報告書に記載はなく、問題発覚を受けて開かれた記者会見で「賄賂をもらったような気分だった」と認めています。関電の役員同様に金庫で保管していたとし、関電問題で塩浜工業の名前が報じられた後の2019年12月になって知人を通じて返金したとのことです。

塩浜工業は、玄海原発3号機（1994年運転開始）、4号機（1997年運転開始）の建設工事に大手ゼネコンの下請けとして参加した実績がありますが、九州電力の説明では直接元受けとして工事を行ったことはなく、受注拡大を目指したものと考えられます。

塩浜工業は、「専務と顧問の2人で届けたが、2人とも故人で詳しいことが分からない。今のご時世やってはならないことでコンプライアンス違反」と取材に答えたそうです。

地元の市民団体「玄海原発マネーの不正をただす会」は、455人の連名で4月

22 日、脇山町長を政治資金規正法違反で告発しました。

　2015 年に出された「長期エネルギー需給見通し小委員会に対する発電コスト等の検証に関する報告」では、120 万 kW の原発を建設すると 1 基 4400 億円かかると試算しています。一方、その時点で原子力規制委員会に新規制基準適合審査を申請している 15 原発 24 基について、電力会社に追加的安全対策費の見通しを聴取した結果、1 基当たり約 1000 億円程度と見込まれるとされています。福島原発事故後に新規の原発建設が見込まれない中、建設費の 2 割強にもあたる多額の新規制基準適合工事費を少しでも懐に入れようと、森山氏をめぐる関電関係だけではなく、多くの電力会社の周辺でこのような不正な金品の提供が続けられてきたものと思われます。

地域でのフィクサーの暗躍は他でも

　巨額の補償金や建設費が動く原子力施設の立地を巡っては、森山氏のような地域支配に手慣れたフィクサーと呼ばれる人物が暗躍することがあります。

　最近の事例でよく知られているのは、鹿児島県南大隅町の廃棄物処分場をめぐる動きでしょう。九州最南端、大隅半島に位置する南大隅町の税所町長（当時）は、2007 年に、過疎化対策として高レベル放射性廃棄物処分場の誘致をしてはどうかと自民党の森山裕衆院議員から持ちかけられ、実際に動いたのがオリエンタル商事（東京都千代田区）の原幸一社長。六ヶ所村土田元村長や NUMO 職員を連れてきて、町議会全員協議会等で説明をさせています。その後、原氏は税所町長とその後任の森田町長から、高レベル処分場、原発、使用済み燃料貯蔵施設、核燃料サイクル施設の誘致の権限を委任するという書面を受け取って立地工作を行いました。

　高レベル処分場よりも候補地選定が急がれたのが福島原発事故による除染廃棄物処分場でした。除染廃棄物を仮置き場にいつまでも置いておくわけにもいかず、福島原発の周囲に集められていますが、事故の被害にあった地権者の同意を取り付けるにあたり 30 年後に福島県外の処分場に搬出するまでの中間貯蔵という位置づけになりました。そこで、狙われたのが南大隅町です。原氏の仲介で森田町長が、当時の東電勝俣会長や、仙谷由人官房長官、細野環境大臣らと会合を

重ねている様子をTBSがスクープしました。原氏の会社が東電の子会社・東電不動産から調査業務を請け負って再委託し、何もしないで3800万円の利益を得ている契約があるとも報じられました。

　南大隅町では、報道をきっかけに2012年12月に「放射性物質等受入拒否及び原子力関連施設の立地拒否に関する条例」が成立していますが、森田町長の責任が不問にされるなどの状況から、今後も警戒が必要と思われます。

総括原価方式により守られてきた電力会社

　電力会社の周りで不正なお金が動くのには、いくつかの要因があります。地方に行けば行くほど電力会社のような大企業は少なく、その発注する工事が他と比較して巨額であること。電力自由化が今日のように進むまでは地域独占企業で、競争相手もなかった電力会社はコストを気にすることなく工事を発注することができ、関連会社は受注できれば割のいい工事で損をすることがなかったこと。電力会社自身も総括原価方式と呼ばれる仕組みで電気料金の認可を受けていたことなどが挙げられます。

　総括原価方式では、発電所の建設費や保守費、燃料費などの運転費用や営業費用など発電・送電・電力販売にかかわるすべての費用を原価として算出し、それに一定の比率をかけて算出した事業報酬を加えて総原価が決まります。この額と合うように電気料金収入が設定されるのです。したがって、工事費が余分にかかっても電気料金に転嫁できるため経営陣には何の痛みもありません。コストをかければかけるほどもうかる仕組みになっていて、工事費を削減して経営効率化を図ろうという意識は働きません。適正な価格になっているかどうかは経済産業大臣の認可を受ける規制で担保される仕組みでした。

　しかし、2000年3月に2000kW以上の契約が自由化されたのを皮切りに、2004年4月から500kW以上、2005年4月から50kW以上が自由化され、ついに2016年4月から電力市場は全面自由化されました。電力会社は、総括原価方式で算出された規制料金ではなく、自由な料金プランで顧客を獲得することができるようになりました。ガス会社などの新電力が電気の販売を始め、関電管内では約15%の販売電力量が新電力に移りました。関電も今後はコストを意識して新電力と競

争していかなければなりません。

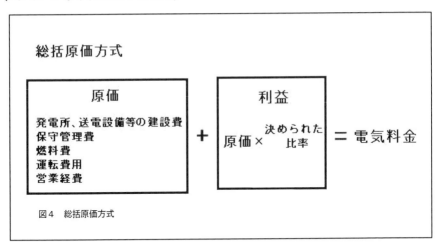

図4　総括原価方式

　ただし、関電と契約を続けている顧客は、新料金プランに契約を変更しない場合、経過措置として続けられている総括原価方式により算定された規制料金で払い続けることになります。その割合が2割ほど残っているようです。総括原価方式による規制料金は当初2020年3月末で廃止される予定でしたが、新電力が十分力をつけて競争が定着するまで消費者保護を目的に経過措置として続けられています。

　また、関電など大手電力会社は2020年4月から発電会社、送配電会社、小売り会社に分社化されました。送配電部門については、引き続き地域独占の業態になるため、これまでと同様、総括原価方式に基づく料金規制が継続されます。

事故を起こした東電のコストカットと関電を比較すると

　福島原発事故を起こした東京電力は、実質的に国有化され、損害賠償金支払いのために外部から有識者委員3人を招いて2012年に「調達委員会」を設置しました。資材購入や工事発注で従来慣行を見直し、1件10億円以上の契約については委員会が調達先や金額をチェックして大幅なコストダウンを進めました。その結果、2010年に15%だった競争入札の割合が2015年に65%、2016年度で67%

と4倍超に拡大し、調達平均単価は2016年度には2010年度比20%もの減少になったのです。東電は、総合特別事業計画などで2013年〜2022年までの10年間に累計4兆8215億円のコスト削減を計画していますが、調達委員会は役割を果たしたとして2017年に解散しています。

　対して関電はどうでしょう。2015年に電気料金を値上げした際に、経産省からさらなる経営効率化を指示され、そのメニューの一つに競争発注比率の拡大があげられていて15%を30%超にするとされています。東電が65%だった年に15%!　東電に倣えば2割も調達価格を下げられるのに高い価格で発注を続け、森山氏の不当な要求を知りながら何ら改善策を取ることなく、その一部をキックバックさせて懐に入れていた!　前述のとおり、第三者委員会は、発注金額について「水増ししていたなどの事実は認められず、本件取引先に対する発注金額が不合理であったと認めるまでには至らなかった」としています。法律の専門家ではあるものの、工事には疎い第三者委員会の限界でしょうか。また、森本社長が衆議院経済産業委員会の参考人質疑で、随意契約ではなく入札であればもっと安く調達できていたのではないかと問われても、まともに答えなかったのは、このような不都合な真実があるからです。

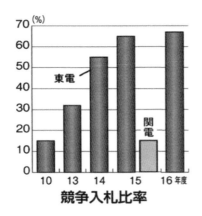

図5　競争入札比率

日刊工業新聞記事 https://www.nikkan.co.jp/articles/view/00429684　に関電のデータを加筆。関電のデータの根拠は https://www.kepco.co.jp/corporate/pr/2015/0518_1j.html

取締役責任調査委員会は「関電には、事前発注約束等に基づく不適切な発注によって過大な金銭を支払うことにより損害が発生している。この金額は森山氏から受領した金品の総額である約3億6000万円を上回ることは容易に推察できる」としています。このような常識的な対応ができなかった森本社長の対応も問われることになるでしょう。

　関電の役員が本来なすべき職務を怠り、会社に損害を与え、株主、消費者に損害を与えてきたことは明らかです。責任を取ってもらわなければなりません。

　また、2015年の電気料金の値上げの際に、東電の事例を知りうる立場にありながら漫然と関電の値上げを認めた経済産業省の監督責任も問われます。

地域を破壊してきた原子力マネー

　原子力は壮大な虚構で成り立っているのではないでしょうか。いわく「石油に代わるエネルギーだ」「火力よりも安い」「クリーンなエネルギー」などと言われて推進されてきましたが、今ではいずれもウソであることが明らかになっています。しかし、福島の放射能について「心配の必要がない」「甲状腺がんの多発は被曝の影響ではない」などといった新たな虚構が築かれ、再稼働が進められようとしています。こうした虚構を成立させているのが、潤沢な原子力マネーで繰り広げられたキャンペーン、すなわち金の力です。関電は森山氏を利用して反対の声を封じ込め、「原子力が地域振興になる」「立地地域で原子力が受け入れられている」という虚構を築かせていたと考えるべきです。

　原子力立地地域では、金の力で地域や家族までもが分断され悲劇が繰り返されてきました。

　私はかつてNHKで放映されたドキュメンタリーで関電立地部の職員が述べた言葉が忘れられません。「土地を買いに行くのではなく、人の心を買いに行く」（1990年5月23日放映「原発立地はこうして進む〜奥能登・土地攻防戦」）、あまりにあからさまに原発立地工作の実態を述べていたのです。当時関電は石川県珠洲市に中部電力、北陸電力と共同で原発の建設を目指し、1989年5月に事前調査を強行したりしていました。

　珠洲市の土地買収では、清水建設などゼネコン4社が関電の依頼を受けて建設

予定地の土地を保有していた横浜市在住の医師から買収しながら所有権移転登記を留保するという脱税事件が生じています。関電は国土利用計画法の届け出を免れるため9分割した土地を、段階を追って申告する税務申告案まで作成し、医師に渡していたことが明らかになっています。

　あの手この手で原子力施設の立地のために裏取り引きまで行う。地域は賛成派と反対派に分断され、口をきかず、親子や夫婦、親戚付き合いさえ断ち切られる。そのようなことが各地で繰り返されてきました。愛媛県の伊方原発の立地工作で、反対派の妻に「収用法の適用でタダになる前に」と騙して土地を売却させ、自殺にまで追い込んだ事件（1973年）が典型例です。

　今回明らかになった原発マネーの不正還流は、森山氏や関電役員らの個人的な問題ではなく、時には不正な金品も使いながら連綿と続けられてきた原子力の地域工作の問題なのです。

　関電は使用済み核燃料の中間貯蔵施設を福井県外に作るとし、岩根社長が「2018年に具体的な計画地点を示す」と福井県知事と約束しながら果たせなかった経過があります。新たな約束は「2020年を念頭にできるだけ早い時期に具体的な計画地点を示す」です。原発マネー不正還流問題発覚で信頼を失った関電が地元了解を取り付けて地点名を公表することは容易ではないと思われますが、その際にこれまで同様に汚いお金で地域工作がされることのないように監視していかなければなりません。

裏工作を行ってきた責任者は

　森山氏を利用してきた関電側の責任者は、かつては内藤千百里副社長でした。1962年に芦原義重社長の秘書になり、1983年には立地環境本部長兼副社長に就任、政財界とのパイプ役や裏工作を約30年間務めたとされています。内藤氏は2018年に亡くなりますが、生前朝日新聞の取材に応じ、歴代総理7人に盆暮れに1000万円ずつ配っていたなどと証言していました。森山氏との関係についても「この男とは腹を割って話が出来るとなれば、とことん信用される。だから私の時に、高浜と大飯と二つ、いっぺんにやってしまった。それが出来たのは、私が彼と……」とまで語って、口をつぐんだとされています。（出典：村山治「関西

電力元副社長・内藤千百里の証言」ニュースサイト「法と経済のジャーナル」）

　芦原代表取締役名誉会長と内藤副社長の解任決議が1987年2月26日の取締役会に突然出されました。関電2・26事件と呼ばれる解任劇を仕組んだのは小林正一郎会長らで、当時取締役だった秋山喜久元会長は不正還流問題発覚後に「芦原会長や内藤副社長らが利害関係者から多額の金品を受け取っていたことが分かって解任した。芦原氏らは個人の歪みだが、今回は組織的な歪みで深刻」とNHKでコメントしています。

　所詮は権力争いでしょうが、内藤氏は関電子会社の役員に転出、代わって森山氏と応対をすることになったのが、不正還流で1億1057万円を受領していた豊松秀己副社長です。京大原子核工学科出身で、電気事業連合会原子力開発対策委員長なども務めてきた原子力村のトップ。週刊文春は、北新地のラウンジでカラオケ付きのVIPルームをよく借り切って月に軽く400〜500万円は落としていたとのホステスの話を報じています。

　金沢国税局の税務調査から不正還流を関電が知ることになり社内調査が行われましたが、そのことを伏せた昨年の株主総会で豊松氏は副社長を退任してエグゼクティブフェローという肩書になりました。その報酬は月額490万円！　このうち毎月90万円が役員報酬の減額補填分、毎月30万円が受領した金品が所得に当たると指摘を受けて支払った追徴課税分の補填であったことは前述のとおりです。

　過去のエグゼクティブフェローの倍額相当とされる豊松氏の報酬について訊かれた岩根社長（当時）は、社外で原子力エネルギー協議会（ATENA）のステアリングコミッティ議長という要職をこなしてもらうためだと説明しました。ATENAは2018年7月設立、原子力事業者、メーカー等の19法人が会員で、原発の共通的な技術課題への対応を行っており、原子力産業界を代表して原子力規制委員会と対話を行うのが活動です。豊松氏は、その運営のトップに立ちながらわずか半年ほどで失脚したことになります。

　また豊松氏が2019年中に美浜原発でのリプレース（4号炉増設）を公表すると明言していたことを、橘川武郎国際大学教授が5月28日付朝日新聞記事で明らかにしています。美浜原発は1、2号炉が廃炉になり、3号炉も運転開始から

40年超で廃炉にすべきところですが再稼働を目指した工事が行われています。2017年に策定されたエネルギー基本計画では、原発20〜22％という構成比が示されているものの新増設については書かれていません。今年から見直し作業が始まる基本計画で新増設が盛り込まれると見越して、関電は先取りを狙っていたのでしょうか。

　関電は美浜原発北側の山林で2010年12月から動植物調査を、2011年1月からは計23本のボーリング調査を行っていましたが、2011年3月の福島原発事故で中断しています。また、美浜町議会は2004年に中間貯蔵施設の誘致を推進する決議をあげています。豊松氏の構想では4号炉増設とともに使用済み燃料中間貯蔵施設の立地も打ち出すつもりであったのかもしれません。

　東電に代わって原子力の旗振り役を担うと考えられていた関電で発覚した原発マネー不正還流事件は、推進派にとって大きな痛手となっているに違いありません。

図6　美浜調査（関西電力プレスリリース）
（https://www.kepco.co.jp/corporate/pr/2010/1124-1_2j.html）

第5章　株主総会での攻防

脱原発株主運動ことはじめ

　社長あての申入書を持参しても、受け取りすら拒否されたり、受け取ったとしても経営陣にまで声が届くことはない中、株主になって総会に出席したら会長、社長をはじめとした経営陣を目の前にして質問したり意見を述べることができる。

　関電の株主になって脱原発を主張しようと呼びかけられたのは1990年でした。1980年代にも株主総会に出席する脱原発株主はいましたが、当時は1株の所有でも出席が可能でした。その後、商法改正で100株保有していないと出席できなくなり、呼びかけられた当時は約50万円必要でした。それでも「脱原発へ！関電株主行動の会」が結成され、脱原発株主約70人が初めてまとまって総会に出席しました。当時は総会屋がのさばっていて、開会直前に暴力により一人の株主が負傷して病院に運ばれるという事件も発生し、騒然とした雰囲気の中で総会が進行しました。初めての権利行使に張り切って約1000項目もの事前質問を提出しましたが、関電は概略しか答えません。それでも原発新規立地が狙われていた石川県珠洲市から参加した株主の会場での質問には答えざるを得ませんでした。当時としては最長記録である2時間50分となった総会は、株主の出した動議を否決した直後に小林庄一郎会長（当時）が閉会を宣言。映画上映のアナウンスが流れた後に、会社原案の採決をしていなかったことに気づいて原案賛成者の挙手を求めるというハプニングがありました。

　株主行動の会は、翌1991年からは計3万株以上を集めて脱原発の議案を毎年提出してきています。

　議案提案の最初の年1991年は、株主130人から3万9000株の議決権行使の委任状を集めて、その年に起きた美浜2号機蒸気細管破断事故を教訓に原発は経営リスクが高いとして定款の事業目的に「原子力発電による発電を除く」とのただし書きを追加する議案を提案しました。他にも伊方原発訴訟で住民側代理人を務

める弁護士を監査役に選任する、全ての原発を停止し蒸気発生器細管の総点検を行うなど計16議案を提案し、3分以内とされる趣旨説明を15分ほど粘ってしゃべり続けた株主もいました。この年は3時間45分かかり、最長記録を更新することになりました。

株主提案否決の歴史

　これまで脱原発株主が行ってきた提案の中には、その時に経営陣が真剣に取り組んでいれば、今回のような不正事件を防げたのではないかというものがたくさんあります。

　例えば、提案初期の1994年に、社外への発注は競争入札を原則とすると定款を変更する議案を提出しています。株主側は「公共企業でありながらも、特定の企業に偏った発注をして、不当に高い経費を支払っているおそれがある」と今回の事件を予見した提案理由を挙げていますが、取締役会の反対意見は「当社との取引を希望される企業に対しては、国内外を問わず広く門戸を開くとともに、個々の契約案件について、新技術、新工法の採用等特に必要があるものを除いて、発注の規模、必要な技術レベル、施工方法等に適合しうる複数の企業を選定し、それらによる競争見積もりを行うことを原則としております」というものでした。今となってはそのとおり行われておらず、株主を欺くものであったと言わざるを得ません。

　森山氏の求めに応じて恣意的に支出された疑いのある寄付金についても、1992年に100万円以上の寄付は株主総会に報告を求めることなどを提案しましたが、「支出については、商法等の関係法令に基づき、監査役の監査も受けております。株主総会に対し（略）報告し承認を求めることは（略）商法の立法趣旨に反し（略）業務執行の支障となります」として否決されています。その後も2001年、2004年、2009年にも寄付先の選定を行う委員会の設置などが提案されていますが、ことごとく否決されました。

　美浜町へ匿名で5億円寄付していたことが報じられた1999年などに質問も続けられてきました。関電の回答は、1999年度の寄付は2300件で40億円などといったものでした。

役員報酬や退職金についても、賞与をゼロにすべきと 1991 年に提案して以来、毎年のように提案が行われてきました。1999 年には報酬金額の情報公開を求める議案を出していますが、関電は役員ごとの個別金額の情報開示については拒み続けてきました。2011 年の福島原発事故を受けて大株主である大阪市、京都市、神戸市が 2012 年に脱原発を株主総会で求め、大阪市と京都市はその後も毎年、取締役報酬の個別開示を株主提案し続けましたが、これまで関電の態度は変わりませんでした。

2020 年株主総会の議案

　2020 年の株主総会に対しても、会社提案の 3 議案以外に、「脱原発へ！関電株主行動の会」が取りまとめた株主提案が 9 議案、他のグループから 7 議案、大阪市、京都市、神戸市が計 10 議案を提案しています。

　京都市が提案した定款に「原子力発電に依存しない、持続可能で安心安全な電力供給体制を可能な限り早期に構築する」などと加筆する脱原発議案では「役員等の金品等受領問題は、過去からの原子力発電事業の歪みが招いたものであるとの反省に立ち、原子力発電のリプレースを前提に、次世代原子炉の技術検討を進めるとしている『関西電力グループ中期経営計画（2019−2021）』を見直し、原子力発電に依存しない電力供給体制を実現するための検討へと舵を切る必要がある。そのことを通じて、社会課題を積極的に解決し持続的な発展に貢献するべきである。平成 23 年 3 月 11 日に発生した東京電力福島第一原子力発電所の深刻な事故を踏まえれば、ひとたび原子力発電所で大事故が発生すれば、市民生活や経済活動への影響は過酷なものとなることは明らかであり、再生可能エネルギーを最大限導入するなど原子力発電に依存しない、持続可能で安心安全な電力供給体制を可能な限り早期に構築していく必要がある」と至極もっともな理由が書かれているのですが、取締役会は反対の見解を付しています。

　しかし、今年から関電の方針が少し変わったものがあります。取締役報酬の個別開示です。脱原発株主は、今年も、取締役の報酬、その他の金品の受領に対し、個別に開示することを定款に追記するよう求める議案を提出しています。また、大阪市、京都市、神戸市も取締役報酬の個別開示を定款に記載するよう求めてい

ます。これに対し関電は、定款変更を拒んで議案には反対するものの「取締役の報酬については、従来から事業報告において、基本報酬、業績連動報酬および株式報酬という区分ごとに総額を開示しております。さらに、本年、経営の透明性を一層高める観点から、社内取締役に 2019 年度に支給した個別報酬額を開示しております。また、基本報酬、業績連動報酬および株式報酬の支給割合ならびに業績連動報酬の役位別基準額および算定方法も開示しております」と意見を付して、限定的ながら公開に踏み切りました。それによると 2019 年度中に森本新社長が受領した報酬総額は 5900 万円などとなっています。

招集通知への虚偽記載

　関電提案の第 3 号議案は取締役 13 人選任の議案です。その注記には今回の不正事件について「現在、当社の社外取締役または社外監査役である沖原隆宗、小林哲也、佐々木茂夫および加賀有津子の各氏は、事前にはこれらの問題を認識しておりませんでした」と書かれています。しかし、このうち元大阪高検検事長である佐々木茂夫弁護士が、金沢国税局の税務調査が行われた 2018 年春ごろから関電の相談に乗り、金品を受領した役員のヒアリングなどを行っていたことを朝日新聞が報じました。佐々木氏は、2011 年から 2016 年度まで関電のコンプライアンス委員会社外委員を務めた後、昨年度の株主総会で社外監査役に就任していましたが、表向きの関電の肩書がない時期に相談に応じていたことになります。

　報道を受けて関電は「招集通知の補足説明」として「当社は、金品受取り問題に関して複数の弁護士に相談しており、佐々木氏に関しても、社外監査役就任前においては、その一端を知る立場にありました」と修正を 6 月 16 日に行っています。

　株主総会は、株式会社にとって最高の議決会議ですが、昨年度は問題を隠ぺいしたまま関係役員を昇格させる人事案件を通し、今年もまた虚偽の情報で人事提案をするというあってはならない対応です。

　朝日新聞は、「関電関係者によると、関電は 2018 年 4 月に大阪市の本店で国税・検察対策や対外的に公表するかどうかについて協議したという。その場には、1 億円超を受領した当時の役員のほか、原子力や総務、法務、経理などの幹部らが

出席。関電が今月25日の株主総会で社外取締役に提案している元大阪高検検事長の佐々木茂夫弁護士（現・社外監査役）らが相談に応じたという。関電は問題の公表を避けたいとの考えを示したが、佐々木氏は公表を経営判断として考えた方がよいと指摘。だが関電は結果的に受け入れなかったという」と続報を報じています。事件の当初から自ら公表しない方針のもと、検察OBを取り込んで検察対策まで行い、世間に明らかになったときに備えて社内調査で言い訳を「整理」したのであれば、記者会見での八木会長の発言が腑に落ちます。

また、関電は6月15日に新たに設置する指名委員会と報酬委員会のメンバーに予定していた森本社長を外す招集通知の変更を行っています。執行役となる森本社長が両委員会に参加すれば、委員会が経営を監督するという指名委員会等設置会社の意味がありません。制度の趣旨を分かって原案を作成していたのかと疑いたくなります。

さらに株主総会3日前の6月22日に、関電は招集通知の取締役の報酬額を修正しました。闇補填分は報酬の後払いと指摘されたことを受けての修正ですが、事前の議決権行使が呼びかけられていた中で、多くの株主は誤った情報で議決権行使済みだったのではないでしょうか。

6月25日株主総会当日

6月25日、大阪南港のATCホールで関西電力の株主総会は開かれました。感染症対策を理由に、できるだけ事前に議決権を行使して来場を控えるよう呼びかけられ、当日の会場も着席可能な椅子の間には、使用禁止2席の椅子を挟む念の入れよう。昨年の約4割にあたる300人余の来場株主がまばらに見える状態で、総会は始まりました。

冒頭、森本社長が金品受領問題で「多大なご迷惑とご心配をおかけした」と謝罪。その後会社側の報告、議案提案と続きました。招集通知を3度も変更したことについては口頭で説明があり、会場入り口にペーパーが積んでありましたが、積極的に配るでもなく「招集通知の修正は配られないんですか？ 招集通知の修正は相当恥ずかしいことです。ネットに載せたからいいってもんじゃない。株主に対する説明が不十分すぎる」との批判の声が上がりました。

株主の議案提案では、例年1議案3分とされていましたが、今年はコロナ対策を理由に1議案1分に制限され「株主が会社を良くしようと思って提案していることを1分間しか聞かない。そんな態度ではだめだ」と抗議の声が上がりました。

　株主提案では「黒字になった途端にあなた方は、配当を増やすでもなく、電気代を値下げするでもなく、真っ先に自分たちの報酬を補填した。恥ずかしくないですか？」「金銭授受問題を知り、そのひどさに驚きましたが、何より2度の株主総会で株主には何も知らされず、相談役はむしろ株主利益に反する行動をとっていたことは許されません。どこまで株主を軽視するんですか」「原発をやっている限りまた同じような不祥事が起きる」と厳しい意見が相次ぎました。大阪市長の代理人を河合弘之弁護士が務めて議案提案を行い、京都市や神戸市からは担当局長等が出席して質問に立って脱原発を迫りましたが、相も変わらず聞く耳を持ち合わせない経営陣でした。

　質疑で印象的だったのは「どういうことがあったら関電は原発を止めるのか？国の政策で止めるとなったら関電も止めるのか？　もしくは福島のような事故が関電管内であったら止めるのか？」という質問。関電の回答は「原発と自然エネルギーを両輪に火力発電を組み合わせてバランスの取れた電源構成をめざす」というまるでかみ合わないもの。質問に答えていないとのヤジが多数飛びましたが、何もなかったかのように次の質問へと移ってしまいました。質問に真摯に向き合わない姿勢を象徴していました。

　結局、多くの株主が質問に手を挙げる中、12人の質問で打ち切られました。河合弁護士が提案の中で「ヤメ検がどうしてこんなに必要なんですか。悪いことをするかもしれないからあらかじめ用心棒としてとっておこうということですか。佐々木さんを推薦するにあたって招集通知を修正したが、そんなことはあらかじめ分かるはずで、どうして隠そうとするのか」と迫りましたが、人事案や指名委員会等設置会社への移行に関する定款変更など会社提案の3議案が可決され、株主提案の議案をすべて否決して、3時間6分の株主総会は終了しました。

　私にとっては、ものすごく久しぶりの関電株主総会でした。株主提案が始まった頃、持ち株を私の名義にしてくださった脱原発仲間がいて、数回出席し、一度

は株主提案の趣旨説明を行ったこともありましたが、その後仕事の関係で出席できないできました。今回改めて株主となり出席した総会は、以前に比べてヤジも少なく、淡々と進んだ印象です。

私は不正発注による損害を関電が賠償請求を行っていないことについて質問しようと手を挙げ続けましたが、指名されませんでした。事前に提出した「昨年度の競争入札率は全ての工事の何パーセントに当たるのか」という質問に回答がなかったことにも納得できませんでした。

関電は再生のスタートを切れたのか

指名委員会等設置会社へ移行し、榊原前経団連会長を会長に迎えた関電は、株主総会を終え、6月29日に経済産業省に業務改善計画の実行状況等について報告を行いました。しかし、はたして再生のスタートは切れたのでしょうか。

内向きの企業体質を脱却するために外部人材を登用することが再発防止策の柱の一つですが、榊原会長は多くの役職を務めているため非常勤で、東京に拠点を置いたままです。社外取締役は増えましたが、当初、指名委員会と報酬委員会のメンバーに森本社長を予定したように、器を作っただけでその趣旨すら理解していないようでは、改革はおぼつきません。

6月26日に企業統治のあり方についてコーポレートガバナンス・ガイドラインを策定し、定款に明記することを拒んだ取締役報酬を開示することを書き込みましたが、執行役にあたる取締役に限られることから今年度の開示対象は3人のみで、株主総会で開示された6人よりも半減することになります。

工事の発注・契約手続きや寄付金の適切性、透明性確保のために外部の専門家が事後審査する「調達等審査委員会」が、4月28日に設けられています。弁護士、公認会計士ら社外委員3人とコンプライアンス推進室担当の副社長がメンバーで、5月26日の会合では見直しを行っている特命発注と事前情報提供をさせない社内標準に再考を指示し、6月19日の会合では寄付金の支出手続きの適正性を確保するための社内標準と併せて適正であると評価したとされています。しかし、それらの規定を社内標準として定めることで開示せず、コーポレートガバナンス・ガイドラインでも触れていないのはいかがなものでしょう。

株主総会終了後に、第三者委員会報告を受けて辞任した森元相談役に関電が引き続き本社の一室や社用車を提供していることが明らかになりました。八木前会長、岩根前社長、豊松元副社長にも同様に提供していたことが後日明らかになっています。関電は、退任役員への闇補塡問題で損害賠償を求めて森氏らを提訴しているにもかかわらず、役員同様の待遇を続けていたのです。とことん悔い改めない会社としか言いようがありません。

おわりに

　本文は、昨年9月の発覚から本年6月末の株主総会までの間に明らかになった事実をもとに、関電原発マネー不正還流問題を考えています。

　関電のコンプライアンス委員会は、8月17日、役員報酬減額分や追加納税分を闇補填していた問題の調査報告書を公表しました。そこでは、減額分の補填は森詳介会長主導で行われた、秘書室の当初の検討資料にも「漏えいリスク」の文字があった、秘書室が閉鎖的・密室的で「発覚するはずがない」という意識が醸成された、退任役員には口止めがされたなどと詳しく指摘されています。今後も株主代表訴訟などを通じて、真実が明らかになるよう努めていきたいと思います。

　しかし、一方、このあとがきを書いている9月9日現在、昨年12月に提出した告発状について、大阪地検からは正式に受理したという通知が届いていません。関電が設置したいくつもの委員会が旧役員の責任を認める中、捜査もせずに告発状を握りつぶすことなどできないはずです。黒川弘務東京高検検事長の定年延長や賭けマージャン問題で、そのあり方が問われ、市民の信頼を失った検察に、まっとうな仕事をさせるのも市民の声だと思います。

　このブックレットを手にし、お読みいただいたみなさんには、一刻も早く告発状を受理して捜査を尽くせという声がさらに拡がるようお力添えをいただきますことを重ねてお願いします。周りの方にこのブックレットを薦めていただければ幸いです。

　「関電原発マネー不正還流を告発する会」「脱原発へ！関電株主行動の会」「関電株主代表訴訟原告団」をはじめとする脱原発運動の仲間との議論や資料探しによって、本書は成り立っています。お一人お一人名前を挙げることはできませんが、感謝申し上げます。また、図書出版南方新社の梅北優香さんには、大変お世話になりました。心よりお礼を申し上げます。

最終的に白紙撤回を勝ち取った京大原子炉実験所2号炉反対運動を契機に、長年脱原発運動に係わる。はんげんぱつ新聞編集委員。「核のごみキャンペーン関西」メンバー。大阪府庁で1980年から2017年度まで環境行政に従事。自治労の脱原発運動として取り組んだ原子力防災にも詳しい。
関電原発マネー不正還流問題では、告発運動を呼びかけ、現在4人いる代表世話人の一人。
共著に「地方自治のあり方と原子力」「検証　福島第一原発事故」「福島・柏崎刈羽の原発震災　活かされなかった警告」（いずれも七つ森書館）など。
個人HP「環境と原子力の話」（末田一秀で検索）

　事務局：〒910−0859　福井県福井市日之出3-9-3
　　　　　原子力発電に反対する福井県民会議気付
　　　　　TEL/0776-25-7784　　FAX/0776-27-5773
　　　　　http://kandenakan.html.xdomain.jp/
　　　　　mail：fukuiheiwa@major.ocn.ne.jp

南方ブックレット12
関西電力 原発マネースキャンダル
　　──利権構造が生み出した闇の真相とは──
2020年10月20日　第1刷発行

著　者　末田一秀
発行者　向原祥隆
発行所　株式会社　南方新社

　　　　〒892-0873　鹿児島市下田町292-1
　　　　電話 099-248-5455
　　　　振替口座02070-3-27929
　　　　URL http://www.nanpou.com/
　　　　e-mail info@nanpou.com

印刷・製本　株式会社朝日印刷
定価はカバーに表示しています。乱丁・落丁はお取り替えします
ISBN 978-4-86124-438-4 C0036
ⓒ Sueda Kazuhide 2020, Printed in japan